U0041187

兔言兔語

來自世界各地的可愛兔子用語

圖・森山標子
文・Graphic-sha編輯部
譯・郭家惠

前言

各位聽過「ｂｉｎｋｙ」這個俚語嗎？
是指兔子因為幸福高興而蹦蹦跳跳的模樣。

初次聽聞這個詞彙，即引起我的強烈共鳴。
一想到全世界的兔迷，出於憐愛兔子的心情，
忍不住編織出全新單字，透過兔子，
我確實感受到傳遞至全世界的歡樂喜悅。

本書收錄與寵物兔過日子的現代飼主用語、
視兔子為馳騁山野的美麗動物的古代人用語，
以及各式各樣的「兔子用語」。

想將這份美好的悸動，獻給正在閱讀此書的您。
如果您家中正好有養兔子，
我也希望將這本書獻給您家中的寶貝兔。

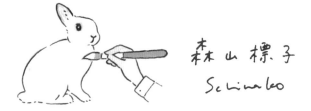

關於在本書登場的兔子

第一章收錄寵物兔相關的詞彙，第二章介紹源自於日本野兔的各種單字與諺語，第三章則有來自世界各地的兔子登場。其中，又以「兔屬」的種類最多。兔屬動物遍及非洲、美洲、歐亞大陸，受到地理環境影響，各品種又會不斷進化，演變出獨特的本領來適應各自的棲息地。

本書插畫登場的兔子，大部分外觀看起來都是各位熟悉的寵物兔模樣，不過，每個兔子用語的背後，若追本溯源可說與扎根當地的野兔息息相關。試著在腦海中勾勒身為語彙源頭的兔子的身影，這也是閱讀本書的一大樂趣。

目次

第 1 章 ／ 飼主的兔言兔語

第 2 章 ／ 日本的兔言兔語

目次

第 3 章 ／ 世界的兔言兔語

Column

第 1 章

飼主的兔言兔語

據說人們飼養兔子的紀錄，
可以追溯至西元前 750 年的古羅馬時代。
人們圈養兔子作為毛皮製裘料或食物來源，
後來才培育改良成供玩賞的品種。
近年，兔子更以寵物之姿融入我們的生活。
有別於貓狗，兔子是純草食性動物，
必須食用大量牧草、多多運動。

只有兔子這種生物才有的獨特行為，
以及與習性相關的肢體語言，多不勝數。
為了讓其他人更容易理解、更能感同身受，
兔迷創造出許多特別的詞彙形容有兔相伴的生活。
本書對資深兔迷致上最高敬意，儘管冒昧，
這些與兔子相關的詞彙將被統稱為兔子用語。
本章將介紹飼主與兔子共處時所創造的詞彙。

後腿站立

也就是兔子用後腿筆直站起來。
原本是兔子的一種本能行為，
在野外用來確認周圍是否安全。
抬高視線範圍環顧遠處，仔細留意，
高高豎起的一對兔耳，
可將遠方的聲音聽得一清二楚。
當兔子希望飼主陪伴玩耍時，
也會藉由後腿站立刷存在感。

衝刺

形容原本安靜乖巧的兔子
突然加速向前奔跑。
此時的兔子看起來非常享受
在偌大空間盡情奔跑的感覺。
兔子原本棲息於草原到處奔跑，
對牠們而言，跑步是最有趣的
遊戲。

兔子踢

經常發生在想要抱起兔子的瞬間。
儘管在某些必要的情況下，人們希望兔子乖乖配合，
但是兔子仍會清楚表達「討厭的事情就是討厭」。
像這樣喜好分明的個性，也是兔子的一大魅力。

騎乘行為

騎上玩具或是布偶後，扭腰擺臀。

這是公兔成為成兔的證明，也是求偶繁殖的舉動，

不過，有時單純只是出自情緒亢奮。

母兔為了宣示地位，有時也會做出同樣的行為。

跺腳

「砰！」地一聲，用後腿大力踏地。
在野外，當敵人接近時，
兔子會在洞穴裡跺腳，通知同伴有危險。
這個發出巨響的方法，確實可以警示同伴。
寵物兔則是利用跺腳來吸引飼主的注意。

繞圈轉

兔子繞著飼主腳邊轉圈圈。
仔細觀察，是沿著「8」字形的圈圈跑，
雖說具體原因仍不明，但是可以確定的是
兔子繞圈轉代表著牠的心情很好，
正在向你傳達「我最喜歡你」「陪我玩吧！」
的訊息。

挖地

野生的兔子會挖掘地洞做成兔窩。

就算土壤堅硬,也會靈巧地運用前腳向下挖掘。

被人們馴養的寵物兔,至今仍保有這項本能。

因此,無論是木地板還是抱枕,

兔子都會忍不住對其做出拼命挖掘的動作。

鋪抹布

源自將挖掘出來的泥土填平的天生習性，
全身重心放在前腳往前推，藉此鋪平泥土。
寵物兔常對布料重現此動作，像是在鋪抹布。

遛兔

和兔子一起散步，故稱「遛兔」。
這個相當逗趣可愛的詞彙，
是由長年飼養兔子的人們所創。

不過，戶外危機重重，
為了確保寶貝兔子的安全，務必慎重評估，
畢竟不適合外出的兔子也不在少數，
建議仔細觀察後再做決定。

每隻兔子的個性不同，
遛兔是否合宜，往往因兔而異。

室內遛兔

在房間裡遛兔，便稱為「室內遛兔」。
運動與玩耍有著不可或缺的重要性。
室內遛兔可維持兔子的身體健康。
離開籠子，在寬敞的空間遊玩，兔子會感到雀躍。

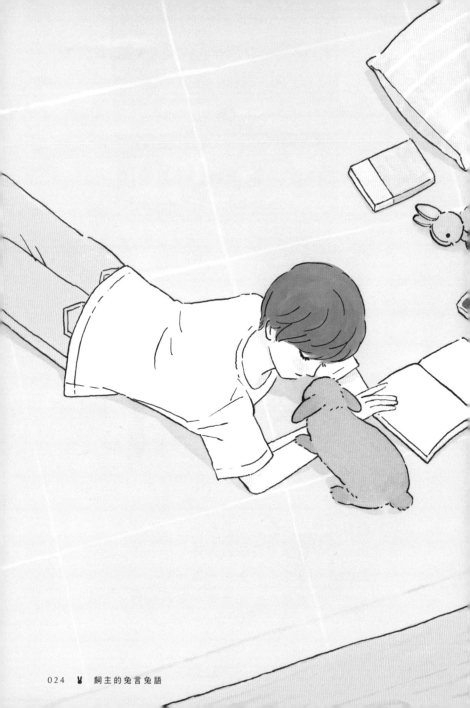

舔舔

和兔子相處時,

發現兔子會突然舔自己。

兔子的肢體語言裡,

舔舔代表喜歡,是洋溢著喜悅的訊息。

當我們撫摸兔子時,

兔子有時會舔飼主的手,

這代表牠想對你說「謝謝」,

或是「再多摸一點」。

不管是哪種意思,

都是兔子向飼主傳達喜愛的象徵。

地板舔舔、躺著舔舔

兔子被撫摸到愉悅放鬆後，進入興奮狀態。
情緒漸漸高昂的兔子，開始舔拭嘴邊的地板；
有時也會舔自己的前腳。
看見兔子一臉「好舒服啊～」的陶醉模樣，
可說是專屬於飼主的特權。

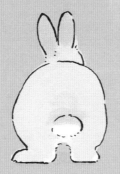

抖動尾巴

有些兔子一興奮就會抖動尾巴。

其實，兔子無法藉由尾巴表達情緒，

因此這個行為極可能代表

兔子興奮到連尾巴都不禁隨之顫抖。

其他可能發生的時機點還有

集中精神時、表達喜悅時、奔跑之前、

上廁所前等等。

尾巴與兔子心境的關聯，尚有許多值

得深入探討。

兔子舞

兔子高興時會飛奔跳躍，大跳兔子舞！
有些飼主覺得牠們原地垂直跳高高，
看起來很像彈跳球。
兔子有時還會像滑冰選手，
扭轉身軀展現華麗的旋轉動作。

當情緒興奮到最高點時，

還會伴隨著「衝刺」（請參考第 12 頁）到處跑，

甚至跳到半空施展飛踢，每隻兔子的動作各不同。

看到兔子如此開心，

令人不知不覺跟著高興起來呢。

嚼魷魚絲

牧草是維持兔子健康不可或缺的食物。
野生的兔子不知何時會被敵人襲擊,
所以習慣用眼睛仔細確認四周狀況,
同時嘴巴不斷咀嚼著牧草。
儘管兔子一臉認真地吃牧草,
不過嘴裡啣著長長牧草的模樣,
看起來就像在嚼魷魚絲。

築窩

叼起平常大口吃掉的牧草，運往他處⋯⋯。

牧草是築兔窩的材料，兔子將其作為幼兔的睡窩。

雖說這是一種築兔窩的行為，

不過未懷孕的兔子有時也會如此，便稱為「假性懷孕」。

兔子的食物

本篇專欄將介紹寵物兔常吃的食物。

牧草

全年都能買到，最適合作為兔子的主食，是維持健康的
重要營養來源。野兔原本就會進食大量牧草。最具代表
的牧草是禾本科的提摩西草，其他還有同屬禾本科的甜
燕麥牧草以及豆科的苜蓿草等等。

蔬菜

可以作為副食品，適量餵食。蔬菜的營養價
值高，富含維他命和礦物質。各式各樣的顏
色與形狀，將兔子的飲食生活點綴得五彩繽
紛。對於兔子來說，可以吃到當季新鮮蔬菜
是一件相當開心的事情。

水果

香甜可口的水果是許多兔子的最愛。除了
膳食纖維，還能攝取到牧草、蔬菜所沒有
的維他命營養素。不過，水果容易導致兔
子蛀牙與肥胖，建議少量給予即可。

兔子可食用的野草

兔子原本就是棲息於山野間。

對於兔子而言，新鮮的野草可說是最佳零食。

蒲公英／菊科
自古便存在於日本的本地種蒲公英，只會在春天綻放花朵。至於外來種則是一年四季都會開花。

薺菜／十字花科
別名扇子草。會在春夏之際開出白色花朵與結出心型果實。

車前草／車前科
葉叢中央生長著穗狀花序。葉子和種子都可食用。

白三葉草／豆科
俗稱三葉草。一般只有三片葉子，傳說若能找到四片葉子的三葉草，就代表會有好事發生。

野葛／豆科
日本秋七草之一，葉片寬大的藤蔓植物。秋天時會綻放紫色的花朵。

魁蒿／菊科
最大特徵是葉背生長著白毛。於春天時生長的新芽，口感軟嫩，是兔子和饕客的最愛。

鵝腸菜／石竹科
即為日本春七草的繁縷草。會在春天開出白色小花。

桑樹／桑科
葉子帶有獨特苦味，不過依舊有許多兔子很喜歡吃。

紫雲英／豆科
又名黃芪。春天會開出粉紅色花朵。其花朵會分泌少量花蜜，能製成有名的紫雲英蜂蜜。

埃及豔后坐姿、人面獅身坐姿

人面獅身坐姿是形容兔子僅伸出前腳坐躺著。
埃及豔后坐姿（又名「貴妃躺」）
則是上半身維持人面獅身坐姿，
下半身橫躺並伸出後腿。
不管是哪種坐姿，兔子的神情總是正經八百，
流露出王族般的氣質。

母雞蹲

把前腳縮進身體內側，
整個身體蜷縮成一團跪坐。
當兔子採取這種無法立即移動的姿勢時，
代表牠正處於極度放鬆的狀態。

兔子更進一步還會將耳朵往後貼，
瞇起眼睛打瞌睡……。
母雞蹲式睡法
是兔子感到輕鬆自在的幸福姿勢喔。

啃咬啃咬

如同人們會觸摸物體進行確認，
兔子則是藉由啃咬來確認。
在室內散步時，遇到感興趣的物品就不禁啃咬。
飼主多半會將留下的齒痕稱為「兔子的記號」。

喀哩喀哩

撫摸心情愉悅的兔子時，
有機會聽見罕見的細微磨牙聲。
當兔子感到滿足高興，會輕輕磨牙，
發出「喀哩喀哩」的聲響，
此時撫摸兔子的手也能感受到輕微震動，
非常舒服。

嗅嗅聞聞

確認味道是一項非常重要的工作。

微微抽動鼻子，仔細檢查每一處。

遇到在意的事物，會湊近拼命嗅聞。

只要看到兔子頻繁抽動鼻子，

就表示牠找到極為感興趣的事物了。

洗臉

兔子有舔拭全身，仔細清理乾淨的習性。
利用前腳仔細搓揉兔臉，便稱為「洗臉」。
下方的插畫似乎有幾隻正在洗臉的兔子呢！

洗耳朵

用兩隻前腳夾住耳朵仔細清理，
那副模樣像是女生正在梳理頭髮。
就像梳頭髮對女生來說非常重要一樣，
對於兔子而言，兔耳可以聽見各種聲音，
是非常重要的器官之一。
必須仔仔細細、
隨時隨地清理乾淨才行。

伸長～腿

「我家兔子的腿有這麼長嗎？」
兔子把身體和後腿伸展開來的睡姿，
偶爾會讓飼主如此驚嘆。
這其實是牠們感到舒適放鬆的證據。
不僅如此，有時肚子還會緊貼地面。
只要身處安全無虞的家中、待在飼主身旁，
兔子就會感到無比安心。

橫躺

明明前一瞬間還在繞圈奔跑，
下一秒卻突然「砰咚！」一聲橫躺倒地。
有些人可能會被兔子突然倒地不起的模樣嚇到，
不過這其實只是兔子自然躺下來的動作。
有時還會睡到露出眼白，相當愜意。

生氣翻碗

兔子掀翻飼料碗的動作，
與往昔日本父親使出的必殺技「生氣翻桌」
十分相似，故得其名。
兔子打翻碗的原因可能是不愛吃碗裡的飼料，
或是出於好玩，理由可說是各有不同。

豎耳

聽見奇怪的聲響時，用力豎直雙耳，
稍稍警戒地留意四周。
垂耳兔雖然無法豎直耳朵，
不過也會將臉和耳朵朝向聲音來源。

鼻子碰觸

當兔子想向飼主傳達某些訊息時，
會用小巧的鼻子輕輕碰觸飼主，
像是在跟飼主搭話。
兔子希望飼主理會自己時，
常常會做出這個舉動。
兔子偶爾也會藉此表達不滿，
彷彿在說「給我讓開」，
此時鼻子碰飼主的力道也會加重。

噗嘶噗嘶

兔子是不會鳴叫的動物。
不過，高興時會從鼻子發出「噗嘶噗嘶」
或「吸嘶吸嘶」等輕微的噴氣聲。
這些都是鮮少發出聲響的兔子
想要傳達給你的訊息。

噗～噗～

生氣時發出「噗～噗～」「噗、噗、」等聲響，
這也是兔子從鼻子發出來的空氣聲。
當兔子發出這種重重噴氣的聲音時，
代表極為憤怒。
在兔子冷靜下來前，飼主只能靜靜在旁守護。

睡香香

野生的兔子隨時都有被捕食的危險，
所以牠們無論何時都睜著眼睛睡覺。
和飼主一起生活的寵物兔可不同了，
牠們會全身放鬆地閉著眼睛睡覺，
偶爾還會傳來輕微的打呼聲呢。

圍巾

雌性成兔脖子有一圈柔軟的毛，一般稱「圍巾」，
別名「肉垂」。關於圍巾的功能眾說紛紜，
有人說那是兔子分娩或過冬的能量來源，
也有人主張兔子會拔脖子附近的毛築窩。
無論如何，圍巾是盡顯成熟魅力的象徵。

Y

你知道兔臉其實暗藏著英文字母嗎？
注意看兔子小巧的鼻子和嘴巴，
仔細觀察應該不難發現吧！
答案揭曉，是英文字母「Y」！

垂耳兔

特色是頭部兩側垂著一對長耳朵。

雙耳下垂的可愛模樣

是經過品種改良而來、與生俱有的姿態。

雖然外表看起來溫馴乖巧，

但其實個性和立耳兔沒有什麼區別，

聽力也十分優異。

美腿

兔子是善於奔跑的動物，

長有肌肉柔軟度極佳、筆直修長的美腿。

當兔子悠閒側睡時，

偶爾伸展後腿展現出一雙纖長美腿，

總令人看得目不轉睛。

毛充

和毛茸茸兔子共度充實時光，簡稱「毛充」。
在寵物兔飼主之間耳語相傳的這個詞彙，
蘊含著飼主寵愛兔子的滿滿幸福感。
你今天「毛充」了嗎？

吸兔子

把臉埋進兔子軟綿綿的身體，

懷抱著想將兔子融入體內般的渴望，

深深吸一口氣。

所謂的「吸兔子」，

是在飼主和寵物兔建立起深厚的信任關係後，

才能辦到的祕密儀式。

兔子展現出「請盡量吸吧！」的態度，

毫無反抗乖乖被吸的模樣，

可是許多飼主求之不得的呢！

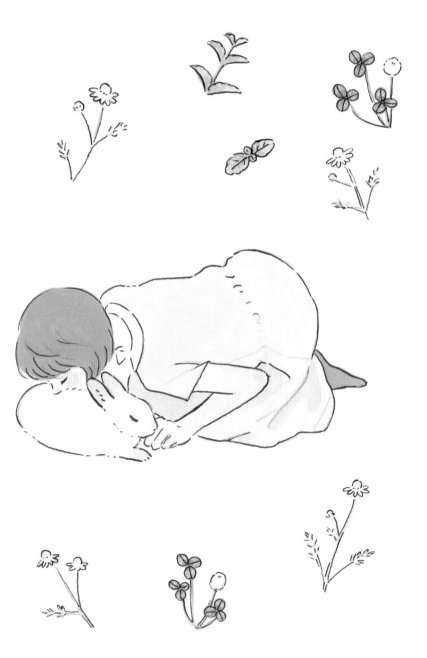

歸月

傳說月亮上住著玉兔，
「歸月」便是用來代指兔子的死亡。

雖然這是極其悲傷的事情，
但是人們和兔子的壽命長短不同，
我們只能目送牠們離去。

不過，別擔心。
請抬頭仰望夜空中的月亮，
您的兔子將會在那裡靜靜等待。

兔子品種圖鑑

A 荷蘭侏儒兔

B 荷蘭垂耳兔　　　　　　C 迷你雷克斯兔

全世界的寵物兔約有50種。本篇專欄將介紹其中最具代表性的幾種兔子。

A—肥短立耳和又圓又大的臉龐為最大特色。身形嬌小，全身呈短毛。是所有寵物兔中人氣最高的品種。B—在垂耳兔中最受歡迎的小型兔品種。最大特徵是眼睛旁邊長著一對下垂耳朵，頭頂則長有一小撮被稱為「冠毛」的蓬鬆長毛。C—擁有一身宛如天鵝絨般滑順光亮的兔毛。是由名為「雷克斯」的大型兔品種改良而來的小型兔。

D 侏儒海棠兔

E 獅子兔

F 美種費斯垂耳兔

G 澤西長毛兔

D—全身兔毛呈現純白色，眼睛周圍彷彿畫著眼線，看起來十分時髦。眼睛周圍的毛色大多為黑色或褐色。**E**—特徵是臉部周圍生長著一圈宛若獅子鬃毛的濃密長毛。相較其他種兔子，2014 年才出現的獅子兔屬於較新的品種。**F**—長毛種的垂耳兔。費斯（Fuzzy）即「棉花」之意，軟綿綿的身體猶如玩偶。**G**—這種兔子的特色是像棉花糖般的長毛。臉龐與荷蘭侏儒兔十分相像，非常可愛。

H 英國安哥拉兔

I 道奇兔

J 喜馬拉雅兔

K 丑角兔

H—從臉龐到耳尖都覆滿蓬鬆濃密的兔毛。眼睛總是被兔毛遮住，這點也是牠的可愛之處。I—身上的雙色兔毛顏色分明，非常時髦。圓滾滾的背部和長長的直立兔耳，看起來相當帥氣。J—特色是身體為純白色，耳朵、鼻尖、腳部前端、尾巴呈現另一種顏色，眼睛為紅色。和其他品種相比，略顯修長的身形也是其魅力之一。K—丑角（Harlequin）即「小丑」之意。如名字所示，丑角兔的臉部左右兩側顏色不同，身體有條紋，模樣相當奇特。

L 佛來米希巨型兔

M 英國垂耳兔

N 日本大耳白兔

O 米克斯兔

L—體重可達 10kg，體型龐大。約 15cm 左右的長耳朵
為其迷人之處。個性十分溫馴沉穩。**M**—是世界上耳朵
最長的垂耳兔種，耳朵長度可達 50～70cm 以上。別名
「Kind Of Fancy」。是最早出現的垂耳兔品種。**N**—特
徵是純白兔毛以及紅色眼睛。又被稱為「日本白色種」，
是日本特有的兔子品種。日本秋田縣出現過體重超過
10kg 的改良品種。**O**—由不同兔種融合而成，最大特色
是外觀各有不同。在日本也被稱為「迷你兔」。

第 2 章

日本的兔言兔語

自古以來，日本就有野生兔子棲息。
對於習慣與自然和諧共生的日本人而言，
和現在相比，以前的兔子其實是
更貼近生活、令人倍感親切的存在。

本章將介紹日本的兔子用語。
除了諺語和慣用句之外，
還有許多和兔子相關的植物名與地名，
從中國傳進日本的詞彙更是多不勝數。
請細細體會和風洋溢的兔子用語。

玉兔

中國流傳著月亮上住著玉兔的傳說，
於是，「玉兔」便成為月亮的別稱。
經常和月亮成對的太陽，
則是據說住著一隻三腳烏鴉「金烏」，
因此，「金烏玉兔」相當於太陽與月亮。
除了中國以外，月亮上住著玉兔的傳說
也同樣流傳於印度、墨西哥、美國等地。

羽

日文數兔子的說法是一羽、二羽、三羽……，
就跟數鳥類一樣，會用「羽」這個量詞。
箇中原由則是眾說紛紜。
有一說是前人把長長的兔耳誤認為鳥類；
另有一說則是古代禁食獸肉的和尚
為了一嚐兔肉的滋味，故意牽強附會地主張
能用雙腳站立的兔子是鳥類。

不過，真正原因如今已無從得知。

英文則有「動物集合名詞」的用法，

例如一群魚是「a school of fish（魚的學校）」。

指稱一群兔子，則是「a colony of rabbits」

或是「a nest of rabbits」。

「colony」為群體或村莊，「nest」則有巢穴之意，

讓人不禁聯想到兔子聚集於巢穴中的景象呢。

脫兔

形容兔子逃脫的模樣，比喻行動敏捷迅速。
出自中國《孫子兵法》，
原文是「後如脫兔，敵不及拒」，
像脫兔般風馳電掣地發動攻擊，敵人便無法防禦。
跑得快的動物多不勝數，兔子會被選入，
或許也可說是一種殊榮吧。

海兔螺

棲息於珊瑚礁，泛著白色光澤的美麗貝類。
在日本地區，通常可在紀伊半島以南的
太平洋至印度洋海域發現牠的蹤跡。
由於貝殼的線條圓潤，就像拱起背部的白兔，
故得其名。

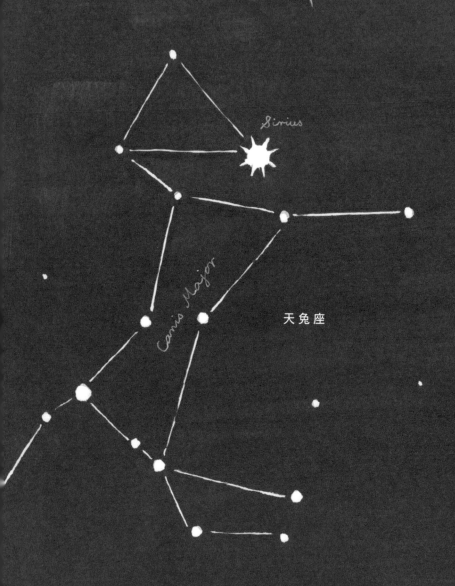

Sirius

Canis Major

天兔座

Orion

Rigel

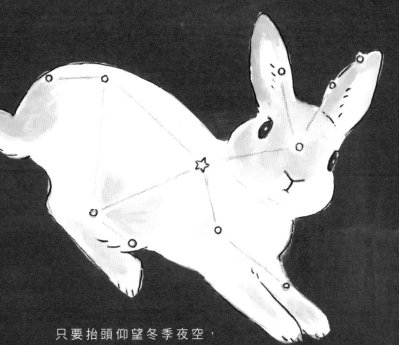

只要抬頭仰望冬季夜空，
就能在獵戶座以南的方位找到天兔座。
位於天兔座正中央的三等星「廁一」
是所有星座中最明亮的恆星。
而「廁一」之名源自阿拉伯文，即為兔子。

白兔海岸

《古事記》「因幡之白兔」
的白兔海岸，位於鳥取縣。
「因幡之白兔」是日本神話故事，
描述大國主神與其兄弟向居住於
因幡國的八上比賣求婚的故事。

故事中，白兔展現出
大國主神誠實善良的一面，
是促成大國主神與八上比賣
兩人姻緣的重要關鍵。

白兔車站

位於日本山形縣長井市。

當地流傳著這則傳說：

從前有位高僧在白兔的引領下

進入山中創建了神社。

如今白兔在此仍被當成神明使者般敬重。

以兔為名的植物

柔軟蓬鬆的兔毛、長長的耳朵、美麗的眼睛……。

兔子的外觀極具特色，因此成為部分植物的名稱由來。

兔菊

菊科高山植物。因葉子形狀酷似兔耳，故得其名。常見品種有蝦夷兔菊、大兔菊等等。

兔羊齒

夏綠蕨類植物。落葉後殘留的葉柄看起來像兔子的嘴巴，因此得名。中文名稱是歐洲羽節蕨。

兔尾草

豆科狸尾豆屬植物。屬名狸尾豆（Uraria），在希臘語即意謂野兔的尾巴。兔尾草毛茸蓬鬆的花穗看起來就像一小球尾巴。英文名稱是「Rabbit tail grass」。

兔兔苔

狸藻科多年生植物，花朵大小約 3 公分。名字由來是花朵形狀和兔臉十分相像，不過兔兔苔可是食蟲植物喔！多生長在非洲的岩山區域。

兔隱

忍冬科落葉灌木植物「衝羽根空木」的別名。生長茂密時，會形成一整片可以讓野兔藏身其中的草叢，又被稱為兔隱。

兔眼藍莓
杜鵑花科藍莓的一種。果實成熟時會變紅，看起來就像兔子的紅眼睛。

兔腳芋
葉子上的斑點看起來很像兔子足跡，所以英文名稱是「Rabbit's foot」。台灣大多稱作豹紋竹芋，在日本又被稱為紋樣蕉。葉片花紋極具特色，令人印象深刻。

兔耳仙人掌
原生於墨西哥高原的一種仙人掌，別名「金烏帽子（Opuntia microdasys）」。由於肉質葉會像兔耳一般成對生長，所以通稱兔耳仙人掌。

月兔耳　黑兔耳　福兔耳

均為伽藍菜屬的多肉植物。月兔耳的最大特徵是葉片邊緣
有褐色斑紋鑲嵌，葉片及莖幹生長著宛如兔毛的白色細毛。
長相相似的同伴還有葉片邊緣分布著黑色斑紋的黑兔耳。
福兔耳則是葉形呈現長梭型，整個葉片及莖幹密布質感猶
如毛氈一般的蓬鬆白毛。

Monilaria Obconica

番杏科多肉植物。日文名稱
為碧光環。發芽期間的對生
葉酷似兔子耳朵，因此商家
常以兔耳朵這個名稱進行販
售。隨著葉片逐漸往上生
長，與兔耳相像的程度也會
漸漸降低。

如兔上坡

兔子的後腿肌肉發達，
無論何種坡道都能穩穩地登上去。
「如兔上坡」便是從兔子輕鬆上坡的模樣
所衍生出來的日本諺語，
用來形容一切事物在萬事具備的情況下
進行得很順利，
或是在擅長領域發揮應有實力的意思。

兔子午睡

由《伊索寓言》「龜兔賽跑」演變而來的日本諺語。
形容故事中的兔子因為午睡而輸給烏龜，
意指「大意失荊州」。
《伊索寓言》約在室町時代傳入日本，
後來被翻譯成日本人熟知的《伊曾保物語》。

兔波映月

形容月光映照在泛起漣漪的水面的光景。
白色海浪在月光的照射下熠熠生輝，
看起來就像奔跑中的兔子。
佛經曾經如此描述，
和大象或馬相比，兔子較無法深入水底，
所以這句話也用來比喻悟道尚淺的人。

兔毛戳觸

兔毛纖細柔軟，
即使被這種毛戳到，
也不會受到任何傷害。
由此引申為「幾乎沒有人在意」，
亦即，「數量極少」的意思。

みつば 鴨兒芹 いちご 草莓

たんぽぽ 蒲公英

にんじん 紅蘿蔔

おおばこ 車前草

しそ 紫蘇

りんご 蘋果

チモシー 提摩西草

對兔祭文

祭文，是在祭典使用，用來祭祀神明的祈禱詞。

換言之，祭文具有相當神聖而重要的意義。

然而，對著兔子朗誦祭文，

兔子也不會知曉箇中含意，

因此帶有「毫無意義」的意思。

與「馬耳東風」「對牛彈琴」的意思相同。

兔子倒立

如果兔子會倒立的話……？
姑且不論兔子能否利用小短腿成功倒立，
倒立時，長長的兔耳必定會摩擦到地板，
看起來十分疼痛。所以，「兔子倒立」
便用來暗指「忠言逆耳」之意。
當別人講的話戳到自己的痛處時，
就像兔子倒立般覺得刺耳啊。

兔角、龜毛

如果兔子頭上長著如雄鹿般的雄偉鹿角、
烏龜龜殼上長著濃密的毛……，
然而，現實生活不可能出現這些畫面。
就像兔子不可能長角一樣，
拿毫無根據的論點去爭執是非的言論，
在日本被稱為「兔角論點」。

兔糞

兔子的糞便是圓滾滾的黑色顆粒狀。

由於斷斷續續且不連貫,

被用來比喻為「事情不持久」的意思。

順帶一提,上方插圖是用兔子的身體和兔糞

所繪製而成的摩斯電碼訊息,

各位能猜出插圖中隱含著什麼訊息嗎?

（答案請翻至第 143 頁）

烏兔匆匆

烏兔指的是住在太陽的烏鴉以及住在月亮的兔子，
匆匆則是急急忙忙的意思。
後人常用烏兔來形容太陽與月亮，
烏兔匆匆即為日月（歲月）匆匆流逝、轉眼消失。
和「光陰似箭」的意思相同。

寒兔白鷺

亦即「純白」之意。
在日本山野間出沒的日本種野兔，
平常毛色是褐色的，
但是到了冬天就會轉變成一身白毛，
在冬雪紛飛中，形成一種保護色，
避免自己受到敵人的威脅和攻擊。

兔耳

兔子有著一對長耳朵，

因此，以前的日本人便擅自認為

兔子一定聽得比人們更清楚。

於是不知不覺間，

日文的「兔耳」便有了「順風耳」的意思。

也可以用來代指喜歡探聽別人隱私的人。

兔子若喜歡，苦木也能咬

即使是苦味植物，
兔子也能吃得津津有味。
從許多人熟悉的桑樹
到名為苦木的落葉植物，
這些都屬於苦味植物。
「兔子若喜歡，苦木也
能咬」是指人各有所好，
喜歡的事物不盡相同。
和「青菜蘿蔔各有所
好」的意思一樣。

守株待兔

引喻為固守舊習,不懂得隨機應變。
典故出自一則寓言故事──
某位農夫偶然間不勞而獲地得到一隻
不小心撞到樹根而死的兔子,從此他便
整天無所事事守在樹根旁,等著兔子自動送上門。
這個故事後來也被改寫成日本經典兒歌〈空等〉。

追二兔者不得一兔

如果一個人同時追捕兩隻兔子，
那麼往往連一隻都捉不到。
比喻一心二用容易顧此失彼，
到頭來終究一事無成。
意思與「魚與熊掌不可兼得」相同。

春日釣兔

冬去春來，白晝漸長，氣候變得溫暖宜人。
春日釣兔，形容在漫長春日，
等待不知何時會出現的兔子。
後來引申為「悠悠哉哉」的意思。

追鹿不顧兔

形容眼光短淺的人只看重眼前的利益。
相似的日本諺語還有「追鹿不見山」。
對於獵人而言，鹿是相當珍貴的獵物，
容易因為顧著追鹿而忽視山林整體狀況，
導致迷路或遭遇危險。

兔死狐悲

目睹同類的死亡後，

思及自己也將面臨相同命運，感到悲慟不已。

比喻因同類遭遇不幸而感到悲傷。

由於狐狸和兔子的棲息環境相同，

因此更能互相同情彼此的遭遇。

狡兔三窟

「狡兔」意指狡猾的兔子。
兔子往往擁有三處巢穴，
遇到危險時便會逃進巢穴藏身。
這句話用來比喻人要有先見之明，
多準備些應變辦法，
才能保護自己。
可說是古人從兔子身上
學到的智慧。

幻貂化兔

形容用盡一切方法、費時蓄意謀劃的意思。

意思與「千方百計」相同。

不過，在人們眼裡，無論是變身成貂還是兔子，

都讓人覺得很可愛、很有趣。

鳶目兔耳

老鷹的眼力絕佳，即使展翅翱翔於空中，
仍可清楚看見地面上的小獵物；
兔子則是聽力非凡，可以察覺所有細微聲響。
鳶目兔耳便使用來形容兼具以上兩種能力，
觀察周詳、善於收集情報的人。
意思相當於「眼觀四面，耳聽八方」。

為遠在彼方山裡的兔子估價

明明兔子尚在遠方的山裡，
卻已經在思考成功獵捕後的事情。
這與「八字還沒一撇兒」的意思相同。
在還沒捕獲獵物前就開始盤算利益，
像這樣的日本諺語其實出乎意外地多，
其他還有「飛鳥入菜 ①」「未捕穴貍先數價」等等。

兔子的分類學

「兔子」其實是一種通稱，假如再細分的話，還有許多種類。本篇專欄將以生物分類學的視角，介紹野兔和寵物兔之間的差異。

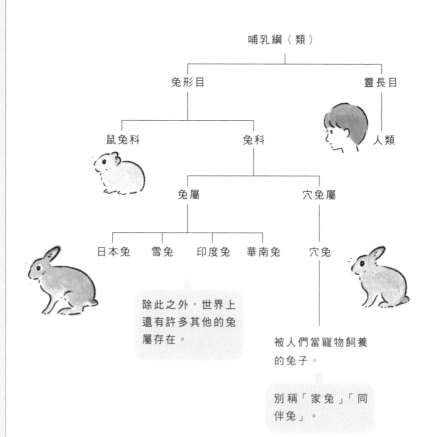

哺乳綱（類）

兔形目　　　　　靈長目

鼠兔科　　　兔科　　　人類

兔屬　　　穴兔屬

日本兔　雪兔　印度兔　華南兔　　穴兔

除此之外，世界上還有許多其他的兔屬存在。

被人們當寵物飼養的兔子。

別稱「家兔」「同伴兔」。

日本兔和穴兔的比較

Japanese hare
日本兔

學　名：*Lepus brachyurus*
身　長：45 ～ 54cm
棲息地：日本

外觀特色是耳尖長著黑毛，和一雙大後腿。夏天時，全身毛為褐色；入冬後，除了耳尖黑毛，其他身體部位的毛色變為純白色。即使進入繁殖期也不會做兔窩，平常棲息於淺窪地。

European rabbit
穴兔

學　名：*Oryctolagus cuniculus*
身　長：35 ～ 50cm
棲息地：歐洲地區等地

最大特徵是略短的耳朵和身體線條圓潤。現在被人們馴養的寵物兔品種皆源自穴兔。有在繁殖期挖穴築窩的習性。原產於西南歐、非洲西北部，後被人們廣泛引進世界各地。

第 3 章

世界的兔言兔語

世界各地都能發現兔子的蹤跡。

牠們的棲息地遍布全球，

因此在歐美、亞洲、俄羅斯、非洲等地

都能發現兔子用語的存在，

證明兔子與當地人共同生活為時已久。

透過至今仍流傳於各國各地的兔子用語，

一窺兔子們悠然自得的百般姿態。

為 了 度 過 美 好 人 生 ，
請 工 作 如 犬 ；
進 食 如 馬 ； 思 考 如 狐 。
然 後 ， 遊 玩 如 兔 。

" For a good life: Work like a dog.
  Eat like a horse. Think like a fox.
  And play like a rabbit. "
  — George Allen

這 是 美 國 知 名 美 式 足 球 教 練
── 喬 治 · 艾 倫 曾 說 的 名 言 。

除 此 之 外 ，
他 還 說 過 許 多 名 言 金 句 。
這 段 話 主 要 是 在 提 醒 我 們
如 同 兔 子 般 朝 氣 蓬 勃 地 過 生 活 ，
是 人 生 中 相 當 重 要 的 一 件 事 。

兔子不會在同一個地方被抓到兩次

"A rabbit is never caught twice in the same place."

美國的古老諺語。

引申為同一個錯誤不會犯兩次。

相似的諺語還有

「Lightning never strikes twice in the same place.」
（閃電不會擊中同一個地方兩次）。

忠告總在兔子逃逸後才降臨

"El conejo ido, el consejo venido."

西班牙諺語。
字面上的意思是，
有些消息總是在兔子逃跑後才能得知。
也就是「為時已晚」。

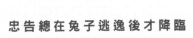

從帽裡取出兔子

"pull a rabbit out of the hat"

這句英文慣用句的意思是

「從空無一物的帽子裡變出一隻兔子」。

提及以前魔術師常表演的把戲，

當屬「從黑色絲綢高帽變出兔子」最令人印象深刻。

事實上，這句話還蘊含著另外一種意思——
「想出意想不到的理想解決辦法」，
或是「找到可以脫離困境的對策」。
遇到傷腦筋的問題時，
如果能像魔術師從帽子裡變出兔子般
順利解決就好了。

Hase

德語「Hase」代表兔子的意思，
同時也是對戀人的愛稱，
例如可以用有點撒嬌的語氣，
稱呼自己的戀人為「我可愛的小兔子」。
除此之外，
在德語中相似的用法還有
「Mausi」（小老鼠）、
「Bär」（小熊）、
「Spatzi」（小麻雀）等等，
這些都是許多德國人愛用的暱稱。

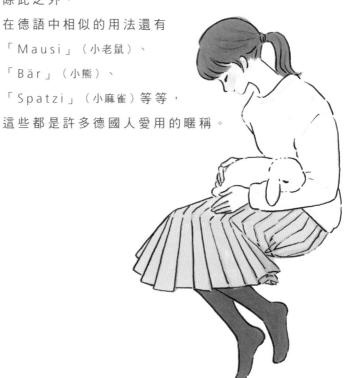

Mon lapin

位於德國隔壁的法國，
呼喚戀人時慣用「Mon lapin」（我可愛的兔子），
通常用來指稱成年情侶或夫妻。
如果在中間加上「petit」（小），
也就是「Mon petit lapin」的話，
多半用來形容甜美可愛的事物、
或是當作嬰兒的暱稱。

兔子腳、兔子心臟

"Hasenfuß" / "Hasenherz"

這兩個德語單字都是用來形容
落荒而逃的懦夫或膽小鬼。
兔子腳代表「逃跑速度極快」，
兔子心臟則是「言行慎重小心」之意。

野兔與刺蝟

"Der Hase und der Igel"

在德國廣為人知的格林童話，
敘述一對刺蝟夫婦聯手扮演同一隻刺蝟，
最後智取兔子，贏得勝利。
在日本，則是以收錄於《伊曾保物語》的
「龜兔賽跑」較為人所知（第84頁）。

猶如遇蛇畏縮的兔子般

"wie das Kaninchen auf die Schlange starren"

德國諺語。以兔子怕蛇的習性
來形容因太害怕而無法動彈。
同於「被蛇盯上的青蛙」。
蛇和權杖為世界共通、象徵醫療的標誌。
在希臘神話中，纏繞蛇身的權杖
正是名醫阿斯克勒庇俄斯所執之杖。

心裡塞著個兔子

中國諺語。用來形容「坐立難安」。
當人們感到心緒起伏不定、忐忑不安時，
就好像內心藏著一隻活蹦亂跳的兔子。
不過對於兔迷來說，這樣或許更令人安心？

兔起鶻落

中國成語。

兔子才剛奔跑，鶻就急速飛撲下去獵捕。

比喻動作敏捷的意思。

也引申為繪畫或撰文迅捷流暢。

後來自中國傳入日本，

因此日本也存在著相同的四字成語。

**只要努力不懈，
亦能乘牛車追兔**

"Үнэнээр явбал, Үхэр тэргээр туулай гүйцнэ."

蒙古諺語。
人只要行得正、坐得端，
總有一天會成功達到目標。
可說是蒙古版的「龜兔賽跑」。

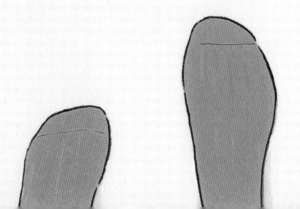

化身為兔子旅行

"Matkustaa jäniksenä."

芬蘭諺語。

沒有買票就踏上旅途。

即使兔子試圖模仿人類

用兩隻後腿站立，仍顯矮小，

通過驗票口時也不會被察覺，

可以輕而易舉地進行「免費」旅行。

這句諺語便是由此典故演變而來。

兔子的縱身一跳

"на заячий скік"

流傳於烏克蘭的慣用語。
為「一點點」的意思。
不過，根據紀錄顯示，
兔子其實可跳約一公尺之遠。
和嬌小的身軀相比，
兔子的跳躍力非常驚人。
因此，兔子飼主們
看到這句慣用語的感想，
很有可能會因人而異。

三腳站立的兔子

"ยืนกระต่ายสามขา"

泰國諺語。很久很久以前，
有一名寺廟男僕為住持準備了一隻烤全兔。
由於看起來實在是太過美味，
他忍不住吃掉其中一隻兔腿。
即使被住持質問，寺廟男僕還是堅稱
這隻兔子原本就只有三條腿。
這句諺語便是由這個典故衍生而來，
意思是堅持自己的意見，不願退讓。

工作不是兔子，不會跑掉

"Robota nie zając, nie ucieknie."

工作不會像兔子那樣跑不見，一切都還來得及。
意在提醒——工作不是人生的全部。
據說最早源自於俄羅斯諺語
「工作不是狼，不會逃進森林裡」。

到了隔壁城鎮，大象都會變兔子

"Giwa a wani gari zomo ne."

非洲豪薩語諺語。

形容人到陌生的地方後，

往往因為環境改變而無法發揮應有的實力。

和日本諺語「借來的貓 ②」意思相近。

兔子懂得自己返回兔窩

"The hare always returns to her form."

歐洲諺語。

兔子擁有認路回家，而且絕對不會迷路的習性。

這句話便被用來表達對家鄉思念的心情。

兔 子

總 會 從 意 想 不 到 的 地 方

現 身

"Donde menos se piensa, salta la liebre."

野兔時常會從樹叢、草叢等

令人意想不到的地方飛奔出來。

比喻機會突然從天而降的意思。

是流傳於西班牙等歐洲各國的諺語。

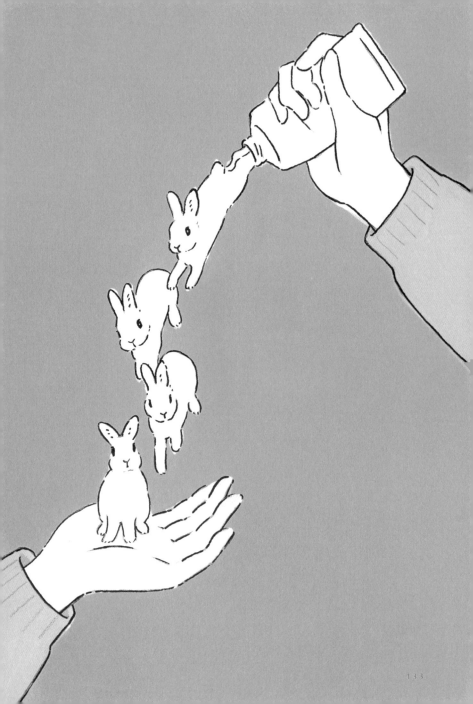

兔子立於山而不知山高

"Tavşan dağa küsmüş dağın haberi yok."

土耳其諺語。

無論兔子多麼生氣，雄偉的高山也不以為意。

和「蚍蜉撼樹」「胳膊擰不過大腿」意思相近。

比喻越是無能之人，越容易憤怒或悔恨。

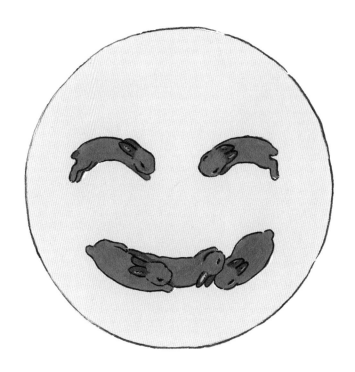

兔子笑

"risa de conejo"

西班牙語的「兔子笑」，
可以用來形容「假笑」的意思。
其語感和流傳於其他國家的詞彙有點不同，
是個充滿諷刺意味的單字。順帶一提，
「鱷魚的眼淚」（làgrimas de crocodilo）
則是用來指「偽善者的眼淚」。

兔子會被自己的屁聲嚇到

"토끼가 제 방귀에 놀란다 "

韓國諺語。

字面上的意思是

兔子聽見自己的屁聲而遭受驚訝，

用來比喻因為某些小事情而擔心受怕、

為偷偷做的壞事可能被拆穿而感到忐忑不安。

放兔子

"poser un lapin"

流傳於法國的一種措辭。

意思是「在某人眼前放置一隻兔子」。

如果有人在自己眼前放一隻兔子，

畫面應該相當逗趣可愛，

不過這句話其實是「不遵守約定」的意思。

例如有人爽約時，我們就能說

「昨天我被他放兔子了！」。

兔子能有水果吃，都應該感謝鸚鵡

"Bu lëg lekkee aloom, na ko gërëme coy."

塞內加爾諺語。

意在提醒世人在享受任何好處時，

都應該要對施予恩惠心存感謝。

在非洲，「aloom」意指水果。

據說兔子能吃到樹上的水果，都是拜鸚鵡之賜。

兔子固然腳程快
卻無法背負馬鞍

"Lëg mën naa daw, waaye àttanul teg. "

塞內加爾諺語。
兔子跑步速度極快，
卻無法像馬一樣安裝馬鞍供人騎乘。
比喻每個人的能力有限。

春夜是兔子的尾巴

"Весенние ночи с заячий хвост."

科米共和國諺語。
形容春天的夜晚
像兔子尾巴般短暫、
稍縱即逝。
置換成「秋夜」
也是同樣意思。

參考文獻

A Polyglot of Foreign Proverbs, Henry George Bohn, Arkose Press（2015）/*Introductory Hausa*, Charles H. Kraft, Marguerite G. Kraft, Univ of California Pr（2018）/*The Wordsworth Dictionary of Sayings Usual & Unusual*, Rodney Dale, Wordsworth Editions（2007）/*Wisdom of the Wolof Sages*, Dr. Richard Shawyer（2009）/《アメリカン・フットボール百科－勝利への戦略と技術－》/ジョージ・アレン、ダン・ワイスコップ，ベースボール・マガジン社（1976）/《いちばんよくわかる！ウサギの飼い方・暮らし方》監修：町田修，成美堂出版（2019）/《ウサギ学－隠れることと逃げることの生物学》山田文雄，東京大学出版会（2017）/「ウサギにまつわる日中諺の対照比較考察」王雪、浮田三郎，広島大学国際センター紀要2号（2012）/《うさ語辞典》監修：中山ますみ，学研プラス（2017）/《園芸植物大事典》塚本洋太郎，小学館（1994）/《おもしろい多肉植物350》長田研，家の光協会（2015）/《現代スペイン語辞典》白水社（1999）/《広辞苑　第七版》岩波書店（2018）/「諺・民話等にみるモンゴル人の家畜観」鯉淵信一，アジア研究所紀要（8）（1981）/《辞書から消えたことわざ》時田昌瑞，KADOKAWA（2018）/《新うさぎの品種大図鑑》町田修，誠文堂新光社（2014）/《新版　星と星座》監修：渡部潤一、出雲晶子，小学館（2020）/《世界ことわざ辞典》北村孝一，東京堂出版（1987）/《世界ことわざ大事典》柴田武、谷川俊太郎、矢川澄子，大修館書店（1995）/《世界動物大図鑑》デイヴィッド・バーニー、日高敏隆，ネコ・パブリッシング（2004）/《世界の多肉植物3070種》佐藤勉，主婦の友社（2019）/《世界哺乳類図鑑》ジュリエット　クラットン＝ブロック，新樹社（2005）/《タイ語のことわざ・慣用句》シリラック　シリマーチャン、大滝ミナ子，めこん社（2018）/《多肉植物全書》パワポン・スパナンタナーノン、チャニン・トーラット、ピッチャヤ・ワッチャジッタパン，グラフィック社（2019）/《誰も知らない世界のことわざ》エラ・フランシス・サンダース，創元社（2016）/《ドイツ語ことわざ辞典》山川丈平，白水社（1975）/《動植物ことわざ辞典》高橋秀治，東京堂出版（1997）/《捕らぬ狸は皮算用？》亜細亜大学ことわざ比較研究プロジェクト，白帝社（2003）/「日独イディオム比較・対照－動物名を構成要素とするイディオム表現」かいろす42号，植田康成（2004）/《フランスことわざ名言辞典》渡部高明、田中貞夫，白水社（1995）/《ミニマムで学ぶ　スペイン語のことわざ》星野弥生，クレス出版（2019）/《モンゴル語ことわざ用法辞典》塩谷茂樹、E.プレブジャブ，大学書林（2006）

協力

- 北村孝一（諺語學會）
- 長井市教育委員會
- 山本茉莉

譯注

① 飛鳥入菜：原文為「飛ぶ鳥の献立」，還未捉到鳥就在計畫著烹調。

② 借來的貓：原文為「借りてきた猫のよう」，據說以前的日本人會跟鄰居借貓來抓老鼠，但是貓是很怕生的動物，到了陌生環境反而會變得很乖，導致無法抓老鼠。

兔言兔語 ▼▼▼
—— 來自世界各地的可愛兔子用語

うさことば辞典

Original edition creative staff
Book Design: Jun Murota
(Hosoyamada Design Office corp.)
Editing & Text: Aya Ogiu
(Graphic-sha Publishing Co., Ltd.)

作者	圖・森山標子
	文・Graphic-sha 編輯部
譯者	郭家惠
主編	鄭悦君
設計	小美事設計侍物
發行人	王榮文
出版發行	遠流出版事業股份有限公司
	地址：臺北市中山區中山北路一段 11 號 13 樓
	客服電話：02-2571-0297
	傳真：02-2571-0197
	郵撥：0189456-1
著作權顧問	蕭雄淋律師
初版一刷	2022 年 2 月 1 日
初版七刷	2024 年 6 月 20 日
定價	新台幣 380 元（如有缺頁或破損，請寄回更換）

ISBN 978-957-32-9378-1
有著作權，侵害必究 Printed in Taiwan

遠流博識網 www.ylib.com
遠流粉絲團 www.facebook.com/ylibfans
客 服 信 箱 ylib@ylib.com

タイトル：うさことば辞典 著者：森山 標子 / グラフィック社編集部
©2021 Shinako Moriyama ©2021 Graphic-sha Publishing Co., Ltd.This book was first
designed and published in Japan in 2021 by Graphic-sha Publishing Co., Ltd.Published by
arrangement with Graphic-sha Publishing Co., Ltd. through Bardon-Chinese Media Agency.
This Complex Chinese edition was published in 2022 by Yuan-Liou Publishing Co., Ltd.

國 家 圖 書 館 出 版 品 預 行 編 目 (CIP) 資 料

兔言兔語－來自世界各地的可愛兔子用語．森山標子繪圖；郭家惠譯. -- 初版. -- 臺北市：遠流出版事業股份有限公司，
2022.02 144 面；13.6 × 18.8 公分 譯自：うさことば辞典 ISBN 978-957-32-9378-1（精裝）
1. 兔 2. 慣用語 3. 繪本

437.37   110019669